AF470129

DÉVELOPPEMENT

D'UNE

QUESTION ÉQUESTRE

RELATIVE

AU DRESSAGE DES CHEVAUX

Imprimerie Bonaventure et Ducessois, 55, quai des Grands-Augustins

DÉVELOPPEMENT

D'UNE

QUESTION ÉQUESTRE

RELATIVE

AU DRESSAGE DES CHEVAUX

PAR

M. LE COMTE ALEXIS D'ABZAC.

PARIS,

CHEZ TOUS LES LIBRAIRES

—

1832

PRÉFACE.

Destiné, dès mon enfance, par ma famille, à suivre la carrière équestre, que mes parents, les vicomte et chevalier d'Abzac, avaient illustrée, j'ai fait tous mes efforts pour arriver à remplir le but qu'elle s'était proposé.

J'ai consulté et étudié avec ardeur les ouvrages de nos devanciers ; mais, si j'ai obtenu quelque succès dans

mon travail, je suis heureux de pu-
blier hautement que je le dois aux
principes que j'ai puisés dans les
ouvrages de deux écuyers modernes
du plus grand mérite, qui, avec des
principes différents, ont concouru
tous les deux à répandre la lumière
sur l'art de l'équitation.

En général, on dit que les extrêmes
se touchent. Je m'appuie sur cet
axiôme pour certifier que j'ai la con-
viction réelle que les méthodes opposées de ces deux écuyers peuvent
s'harmoniser parfaitement ensemble
en se faisant, bien entendu, quelques
concessions mutuelles.

Je baserai donc l'opuscule que je
viens livrer à la publicité, sur les
observations que ces deux auteurs

m'ont fait faire ; et sur l'expérience que j'ai faite moi-même dans l'étude et la pratique de l'équitation.

Depuis que je m'y livre plus spécialement, j'ai cherché les moyens qui me paraissaient les plus rationnels à employer dans le dressage des jeunes chevaux offrant de grandes difficultés, et dans la rectification des fausses allures des chevaux d'âge. Je crois être parvenu à trouver la marche la plus logique à suivre pour arriver, dans ces deux derniers cas, à une bonne solution.

Je m'adresse donc à tous les cavaliers, soit militaires, soit civils, et les prie de vérifier et de juger avec impartialité la nouvelle idée que je viens émettre.

Je réclame d'avance leur indul-
gence, et j'espère qu'ils ne verront
dans cet exposé que le dévouement
que je porte à la progression d'un
art qui rend depuis longtemps de
grands services, et est appelé, je
crois, à en rendre de plus grands
encore.

Comte ALEXIS D'ABZAC.

Paris, 12 mai 1852.

PROLOGUE.

Le corps du cheval est une machine
très-compliquée, et composée, comme
l'anatomie nous le démontre, d'une in-
finité de leviers plus ou moins grands,
et de différents genres.

Celui qui connaît les rouages de la
machine peut les faire marcher avec

facilité en employant les moyens qu'enseigne la mécanique, science de l'équilibre et du mouvement. Il est donc indispensable d'avoir présentes quelques lois de cette science pour agir avec connaissance.

Tous les corps, dans la nature, se trouvent en repos ou en mouvement, et ne peuvent changer leur état par eux-mêmes ; ils ne peuvent passer du repos au mouvement, et, à l'inverse, ni augmenter, ni diminuer la vitesse de leur marche sans une cause étrangère : c'est la loi d'inertie.

Cette loi ne se trouve pas dans les animaux ; car ils ont en eux-mêmes une puissance animée. Mais, par extension, on appelle force d'inertie chez le cheval celle qu'il oppose au cavalier, quand celui-ci veut lui faire changer d'allure, ou pour mieux dire, la force d'inertie chez le cheval est le nul usage de ses forces instinctives, laissant au cavalier l'entier maniement de sa masse pour changer son état.

Dans ce cas, tous les efforts du cavalier deviennent inutiles, car il est trop faible pour lutter contre une aussi grande masse, si, préalablement, il ne surexcite pas les forces instinctives, les combattant même si elles s'opposent à son but, jusqu'à ce qu'il en soit vainqueur.

On ne doit pas confondre l'état d'inertie, surtout quand le corps est en repos, avec l'état d'équilibre. Dans le premier, il n'y a pas de forces réelles, à proprement parler; elles existent dans le second et sont en lutte égale.

Nous pourrons affirmer qu'un cheval

est soumis aux règles de l'équilibre, quand toute sa masse sera prête à prendre la direction que le cavalier voudra lui donner en excitant tant soit peu la moindre force qui suffira toujours pour atteindre le but qu'il se propose. Afin de parvenir à cet état d'équilibre, ou seulement s'en rapprocher (car il est des chevaux que l'on ne veut pas soumettre à des lois aussi exactes), il faut beaucoup de tact, et, pour arriver à ce but, employer des moyens directs ou indirects qui y conduisent avec succès, ayant toujours en vue la conservation de l'animal. Souvent même il est nécessaire de se servir de moyens qui paraissent opposés au but que l'on se propose.

Il semble étrange, au premier aperçu, que, pour faire monter une pierre attachée à une corde, il faille tirer par en bas; cependant cela se pratique journellement au moyen de la poulie. De même que, dans le levier de premier genre, il faut abaisser un bras pour soulever l'autre.

___

Le point le plus digne de notre attention est le centre de gravité ; c'est celui par où passent toutes les forces du corps et dont il est la résultante. La marche facile et régulière de la machine dépend de la position de ce point, et par conséquent, de nous-mêmes.

Effectivement, si nous considérons un levier de premier genre, la balance par exemple, nous remarquons que, si

le centre de gravité se trouve au milieu
du levier sur le point d'appui, la balance se trouvera horizontale, son
mouvement sera facile et le moindre
de nos efforts la fera pencher plus d'un
côté que de l'autre. Si le centre de gravité n'est pas au milieu, que l'un des
plateaux soit plus chargé que l'autre,
le centre de gravité se séparera du
point d'appui vers le plateau chargé,
fera pencher la balance ; elle tomberait
même si elle n'était pas soutenue. Son
mouvement reste alors paralysé, on ne
peut le lui donner qu'à grand'peine ;
et le seul moyen qui reste pour l'équi-
librer, est le déplacement de son
centre de gravité, c'est-à-dire le faire
revenir vers le milieu du levier en
chargeant l'autre plateau, ou en dé-
chargeant celui qui est déjà trop lourd.

Ceci devient d'autant plus facile, que nous avons des poids à notre disposition.

Quant à ce qui concerne le cheval, nous ne pouvons ni ajouter, ni ôter du poids ; nous n'avons pas les mêmes moyens que dans la balance pour déplacer le centre de gravité, et le cheval doit avoir un mouvement progressif, un déplacement en avant ou en arrière. Nous allons voir pourtant qu'il existe pour le cheval des moyens aussi sûrs que pour la balance, pour atteindre le but que l'on se propose.

Tous les animaux sont doués de propriétés physiques adhérentes à la matière, et de propriétés instinctives qui dirigent les premières.

Pour disposer des propriétés physiques, le cavalier est obligé de faire agir avec lui l'instinct du cheval, de s'emparer de sa volonté en le mettant dans le cas de ne pouvoir faire autrement, en agissant sur la matière dont il est composé ; de manière que la volonté du cheval soit inefficace si elle est opposée à la sienne. Ainsi, un coup d'éperon agit immédiatement sur la masse du cheval, et médiatement sur sa volonté, parce qu'il le force à se porter en avant, malgré lui, pour en éviter un second. C'est un des poids que nous avons à notre disposition. Les jambes, la cravache, la bride et l'impulsion représentent les autres.

Rien n'est plus facile à obtenir que le mouvement progressif, en donnant une impulsion à la partie postérieure.

Pour mieux concevoir la vérité de ce
que j'avance, représentons-nous un
homme qui veut entreprendre une
marche accélérée : la première opération qu'il fait est de porter son corps
en avant, déplacer son centre de gravité, le faire sortir hors de la perpen-
diculaire à sa base que forment les
pieds. Cela l'oblige à les avancer avec
précipitation l'un après l'autre, pour
ne pas tomber, et cette opération, cette
marche, seront égales et régulières,
pourvu qu'il conserve la même incli-
naison du corps. S'il veut l'accélérer,
il s'inclinera encore plus. Il aura le
double avantage que toutes ses forces
seront employées seulement à lever
ses jambes sans s'occuper du poids de
son corps qui est toujours devant lui.

Dans le cheval il arrive la même

chose. L'impulsion donnée fait porter son centre de gravité vers la partie antérieure. Plus elle est forte, plus le centre de gravité se déplace. Le cheval, pour ne pas tomber, avancera ses jambes de devant, allongera sa base, d'autant plus que le centre de gravité sera plus déplacé. En même temps sa partie postérieure sera déchargée, allégée, et toutes ses forces seront employées à relever sa partie antérieure, sans s'occuper de la postérieure.

C'est sur les avantages qui résultent de cette impulsion qui dégage la partie postérieure, charge, par conséquent, la partie antérieure que nous rendons, en quelque sorte, à la première l'usage et les ressources qui se rencontrent chez les organisations régulières.

D'après ces règles purement physiques et mécaniques, j'ai cru pouvoir baser la nouvelle idée équestre que je vais tâcher de développer le plus clairement possible.

DÉVELOPPEMENT

D'UNE

QUESTION ÉQUESTRE

RELATIVE AU

DRESSAGE DES CHEVAUX.

I

J'ai remarqué que presque tous les jeunes chevaux que l'on dresse, quoique leur ayant assoupli préalablement l'encolure, la mâchoire, les hanches et les reins, se portent difficilement en avant, quand on les met en mouvement, tant au pas, qu'au trot et au galop.

Ces différentes allures sont, en général, raccourcies et fausses, même après le dressage terminé. C'est-à-dire qu'elles n'ont pas cette cadence régulière et mesurée de règles de musique que l'on peut parfaitement approprier à ces trois allures, et qui sont la mesure à quatre temps pour le pas, à deux temps pour le trot, et à trois temps pour le galop du cheval d'extérieur ; car on peut facilement arriver, pour le cheval de manége, à former le galop à la mesure à quatre temps.

Ceci tient à ce que le centre de gravité, qui est, comme tout le monde sait, le point par où passent les forces, au lieu de se porter vers la partie antérieure, règne complétement sur la partie postérieure ; par conséquent, nuit à la fonction des leviers postérieurs, qui sont appelés à pousser le cheval en avant. Car à l'endroit où règne le centre de gravité, règne aussi le poids, puisque le poids est toujours équivalent à la force.

Ces chevaux-là hésitent d'autant plus dans leur marche, qu'en général on cherche le ramener, ou autrement dit, la mise en main dans de pareilles conditions, qui offrent d'autant plus de difficultés, que la résistance que provoque l'encolure se trouve trop éloignée du point d'appui. Il arrive donc alors que tout ce

que l'on fait pour obtenir le ramener du cheval
devient d'autant plus nuisible que l'on agit
pour cela avec le levier du mors de bride, qui
est un levier de deuxième genre, très-puissant;
et qu'au lieu de combattre seulement la résistance de l'encolure pour arriver au plus ou
moins de verticalité de la tête, on attaque indirectement la partie postérieure et on entrave
une marche déjà mal assurée.

On tombe alors dans le balancement de la
machine; c'est-à-dire dans un mouvement d'oscillation qui n'est autre chose que le résultat de
la mauvaise position du centre de gravité, qui
retient le poids dans cette région et qui empêche
de donner aux leviers postérieurs toute leur
extension. Heureux encore quand on ne tombe
pas dans l'acculement, qui est l'avant-coureur
de la cabrade; défense non-seulement dange-
reuse pour la conservation des jarrets du cheval,
mais encore pour la vie du cavalier.

Si nous observons attentivement le jeune

cheval, nous verrons si la nature l'a doué de règles de proportions telles que l'harmonie doive exister dans les différentes fonctions de son organisation mécanique.

Malheureusement, l'expérience nous prouve le contraire, et la plupart des chevaux s'éloignent de ces belles règles de proportions, d'où résulte l'équilibre duquel je voudrais tâcher de me rapprocher le plus possible par le nouveau mode de dressage que je viens soumettre aux hommes compétents en pareilles matières.

Le cheval, que la nature a doué d'aplombs réguliers, résultats de proportions exactes, et d'un tempérament sanguin et musculeux, tend, généralement, à porter ses forces en avant. Loin d'hésiter dans sa marche, il tend plutôt à la précipiter; et cela tient à la grande facilité qu'ont les forces à arriver de l'arrière-main sur l'avant-main. Pour tout praticien qui s'occupe du dressage des chevaux, cette nature est un véritable trésor; car, alors, il n'a plus qu'à modérer une impulsion naturelle, et à maîtriser des forces qui sont, en quelque sorte, face à face, et qu'il pourra combattre avec facilité ; car c'est un ennemi qui, loin de fuir et, en quelque sorte, de se retrancher, se livre facilement entre les mains du cavalier.

Si nous admettons que le cheval bien équilibré naturellement tend à se porter en avant, par conséquent à livrer ses forces au cavalier plutôt qu'à les retenir, nous devons conclure de cet exemple qu'il faut, dans le dressage du cheval, nous rapprocher le plus possible de cette ligne de direction que prennent les forces dans le cheval cité plus haut.

Le cheval est un être mécanique fonctionnant au moyen de leviers, mus par une force qui agit directement, c'est-à-dire qui arrive de l'arrière-main avec facilité, résultat d'une organisation parfaite ; ou elle est arrêtée dans sa course par le défaut d'uniformité entre ces deux parties.

C'est de cette dernière catégorie, qui est la

plus commune, que nous avons à nous occuper ; et je veux essayer de changer le mode de
dressage que j'ai vu employer jusqu'à ce jour,
et qui fausse et ruine généralement tous les
chevaux.

Le cheval, mal équilibré naturellement, est
en général faible de reins, ou possède de mau-
vais jarrets. Il suit de là que, la partie postérieure souffrant, le cheval y retient ses forces,
ce qui contribue à la presque paralyser et à
l'empêcher de fonctionner. La douleur qui se
fait ressentir d'un surcroît de poids dans cette
partie, réagit instantanément vers la partie antérieure, qui se trouve liée d'une manière tellement intime avec la partie postérieure, que l'une
ne peut éprouver souffrance ou difficulté dans
ses mouvements sans venir réagir sur l'autre et
fausser la régularité de la position de l'encolure
et de la tête qui fait suite.

Examinons maintenant quelle est la marche

recommandée et généralement mise en pratique par tous les hommes qui s'occupent d'équitation.

Ils entament ordinairement l'allure du pas d'une manière excessivement modérée, le trot de même, ainsi que le galop, cherchant immédiatement à prendre la mise en main.

Cette méthode de dressage, qui est parfaite pour les chevaux d'énergie, ardents à se porter en avant, devient on ne peut plus nuisible pour ceux qui appartiennent à l'autre catégorie, qui est la plus nombreuse.

Chez les premiers, le début des allures lentes est d'autant plus nécessaire, qu'impétueux à se porter en avant, les forces arrivent de suite sur la partie antérieure ; le centre de gravité y règne instantanément, et permet au cavalier de former, avec la main de la bride, ces oppositions calculées à la résistance dont il veut triompher pour obtenir la souplesse de l'encolure, et, par conséquent, le plus ou moins de verticalité qu'il veut donner à la tête.

Avec ces chevaux, les effets de main de bride agissent plus spécialement sur la partie antérieure, c'est-à-dire sur la tête et l'encolure, et ne réagissent presque jamais sur la partie postérieure, qu'ils laissent libre dans ses mouvements.

Le cheval, dans de pareilles conditions, conserve toujours une marche régulière plus ou moins allongée à la volonté du cavalier, ne s'accule jamais, à plus forte raison ne se cabre pas, et, je le répète, il se dresse très-facilement.

Il n'en est pas de même en employant les mêmes moyens avec les autres chevaux qui forment la catégorie la plus nombreuse.

On s'éloigne d'autant plus de la vérité que l'on agit presque d'après les mêmes procédés dans le dressage, et l'on n'est nullement dans les mêmes conditions ; car, chez les premiers, on agit toujours avec le centre de gravité disposé à se porter en avant, tandis qu'avec les autres il est toujours disposé à rester en arrière.

Si donc on emploie des allures lentes avec ces

derniers comme avec les premiers, il est impos-
sible que l'on obtienne les mêmes résultats,
parce que l'on se trouve dans des conditions tout
à fait opposées.

Tout ce que l'on fait alors pour arriver à la mise
en main du cheval, au lieu d'accélérer son dressage, le retarde, au contraire, et le ruine immédiatement; car on prend la mise en main sur une
impulsion qui n'existe pas, ou du moins qui
n'est pas assez forte pour que l'on puisse former
ces oppositions de manière à n'agir que sur la
partie antérieure.

On attaque indirectement chez ces chevaux la
partie postérieure, et c'est alors qu'on la paralyse
souvent complétement, ou on en entrave tellement la marche, que l'on tombe dans le mouvement d'oscillation dont nous avons des exemples
si frappants dans un grand nombre de chevaux
montés, et que tout observateur pourra remar-
quer s'il veut s'en donner la peine.

Voilà comment je comprends la cause qui pro-
duit ces effets.

Les leviers de la partie postérieure du cheval ne fonctionnant qu'avec hésitation ou difficulté j'ai dit plus haut à quoi cela tient), se trouvent presque complétement paralysés par les effets de levier du mors de bride; et, comme le levier du mors de bride a une puissance, je crois, supérieure aux leviers postérieurs du cheval, on tombe dans un barbarisme équestre quand on veut en user sans avoir préalablement donné cette impulsion qui tend à porter le centre de gravité vers la partie antérieure, et, par conséquent, à nous rapprocher de la catégorie des chevaux bien organisés.

Je crois avoir démontré la différence qui existe entre le cheval qui ne pèche en rien dans son organisation physique, résultat de justes proportions, et celui, au contraire, qui s'en éloigne.

Le premier, ai-je dit, livre ses forces au cavalier par la grande facilité qu'elles ont à se porter d'arrière en avant, et se dresse promptement, tandis que le dernier, qui les retient vers la partie postérieure, offre des difficultés sans nombre.

Je vais essayer de tracer la ligne de conduite qui m'a toujours réussi dans le dressage des chevaux appartenant à cette dernière catégorie.

Je commence par assouplir de pied ferme la mâchoire, l'encolure et les hanches d'après les principes émis par l'écuyer distingué qui a traité ces questions-là.

A la suite de ce commencement de dressage, je monte ce cheval, et, au lieu de continuer les flexions, le cheval étant en place, je le porte immédiatement en avant et détermine l'allure vive du galop, le pressant énergiquement des jambes, et cherchant, par ce moyen, à lui faire prendre un point d'appui sur la main. Il est bien entendu que, pour arriver à l'obtenir, il faut se servir plus spécialement du filet que de la bride, parce que l'un le permet facilement, tandis que l'autre, à cause de ses effets puissants, s'y prête beaucoup moins.

Le résultat de cette impulsion est de changer de place le centre de gravité; et la preuve de la réussite se manifeste par le plus ou moins de pesanteur que le cavalier reçoit sur la main.

J'arrête alors le cheval le plus progressivement possible, conservant ce même point d'appui, qui se maintient facilement en baissant les poignets un peu au-dessous des côtés latéraux

du garrot; car leur effet agit dans une direction
qui s'harmonise avec l'affaissement que l'on veut
faire prendre ou conserver à l'encolure.

L'arrêt obtenu, je fais les flexions telles qu'elles
sont prescrites étant à cheval.

Après quelques jours de ce travail d'assouplissement, précédé de l'impulsion énergique
du galop, je répète le même travail à la suite
de l'impulsion plus modérée du trot, que j'allonge autant que possible, et j'opère encore de
la même manière à la suite de l'impulsion du
pas, plus modérée que les deux précédentes,
mais que je détermine, comme les deux autres,
à une allure très-allongée.

Il est bien entendu que, pour arriver à tous
ces arrêts, il faut le faire progressivement.

L'avantage que je trouve de faire ces assouplissements à la suite de ces différentes impulsions, qui vont toujours en déclinant, est de
combattre avec certitude les résistances de la
mâchoire et de l'encolure, car elles sont alors
positivement en face et sous l'empire de la main

du cavalier, dont les effets ne viennent jamais
réagir sur la partie postérieure, qui ne joue
qu'un rôle passif pendant la durée de ce travail.

Les assouplissements de la mâchoire et de
l'encolure terminés, je passe aux assouplissements des hanches et des épaules, faisant
précéder toujours ce dernier travail d'impulsion aux trois différentes allures, comme
précédemment ; et j'en retire l'avantage d'obtenir le mouvement de rotation des hanches
avec facilité, attendu que cette dernière partie
se trouvant allégée d'un surcroît de poids qui
a passé en avant, fonctionne, par conséquent,
plus librement.

Et, quand j'arrive à l'assouplissement des
épaules, je bénéficie encore de cette impulsion
préalable, dans le sens que la partie postérieure qui forme pivot, dégagée toujours d'un
surcroît de poids, se prête plus aisément à son
nouveau rôle.

Je n'ai jamais rencontré de chevaux, après

les avoir soumis à ces différentes impulsions,
chercher à se dérober, dans le travail en place,
par l'acculement ou la cabrade, pour éviter les
assouplissements que je faisais tant sur la partie
antérieure que sur la partie postérieure.

L'expérience me prouve encore que, pour
avoir une solution prompte pour arriver au
ramener du cheval, par le moyen des flexions
directes et latérales, il faut diviser presque
à l'infini les oppositions que l'on fait pour
triompher des résistances ; car, alors, on ne
combat que des velléités de résistances qui
sont tellement minimes, que c'est à peine si
le cheval éprouve quelque contrainte, et il se
livre facilement aux justes exigences du cavalier.

Pour tâcher de mieux me faire comprendre,
supposons que, pour arriver à la verticalité de
la tête, on divise les oppositions que l'on veut
faire en dix degrés ; et que, au moyen de ce
calcul, on combatte des résistances par des
oppositions qui leur soient égales, et qu'on

arrive par ce moyen à un résultat, j'affirme qu'en divisant encore chacun de ces degrés en dix, on arrivera à ne combattre que de si petites résistances que le cheval se soumettra encore plus vite aux assouplissements, sans à peine s'en apercevoir; et l'on arrivera alors à cette mise en main brillante qui se témoigne par un mâchement de mors qui imite le cliquetis des armes.

Il y a peut-être un peu d'exagération dans cette démonstration; mais c'est pour tâcher de mieux faire sentir la délicatesse qu'il faut toujours employer dans la conduite du cheval ou dans son dressage, pour arriver à ce tact qui ne se rencontre que chez quelques personnes, et qui pourrait grandement se propager en suivant cette marche douce et progressive.

Le travail d'assouplissement, en place, terminé à la suite des différentes impulsions, je reprends la continuation du travail par les allures les plus vives que je ramène graduellement aux allures lentes. Cette marche me permet de reprendre et de régler peu à peu ces forces que j'ai accoutumées à aller d'arrière en avant, et que je ramène progressivement vers le milieu du corps du cheval, ce qui ne peut s'obtenir que par l'acheminement de l'allure vive à l'allure lente.

J'entame donc toujours le travail par l'allure du galop allongé, que je ramène graduellement à une vitesse plus modérée. Je passe, sans arrêter, de cette allure à celle du trot, que j'allonge le plus possible, et que je ramène comme la première à une allure modérée; et, toujours sans arrêter, je passe à l'allure du pas, qui est à son début le plus allongé possible, pour revenir comme les autres à une allure calme et réglée.

Le ralentissement, dans ces différentes allures, s'opère toujours sous l'influence de l'impulsion, et il ne reste de cette dernière que juste la force nécessaire pour la régularité de l'allure que l'on veut faire prendre au cheval, attendu que les forces sont toujours, dans ce cas, à la disposition du cavalier.

Dans l'acheminement des allures vives aux allures lentes, j'emploie, comme j'en ai parlé plus haut, pour les assouplissements, le cheval étant en place, le plus de délicatesse possible dans mes oppositions pour arriver au ralentissement, de manière à ne triompher que de villéités de résistances qui sont plutôt prises dans ce cas sur la résistance de l'encolure, dont on diminue la longueur comme bras de levier, que sur la masse du cheval.

Il faut bien se persuader de cette vérité que, pour les chevaux appartenant à la catégorie en question, les allures vives les fatiguent moins que les allures lentes, par l'avantage qu'elles ont de décharger la partie postérieure du surcroît de poids qui l'entrave ; et cette progression des allures vives aux allures lentes permet d'arriver à la régularité parfaite que l'on se propose dans les allures plus cadencées, et qui deviennent alors faciles pour le cheval.

L'ordre de choses ordinaire est complétement interverti ; mais, je le répète, les chevaux sur lesquels j'opère sont d'une nature entièrement opposée à ceux qui possèdent une organisation régulière.

Je suis donc logique, en employant juste la marche inverse que l'on suit pour les autres.

Après une dizaine de jours de ce travail, j'ai toujours changé totalement la nature de ces chevaux ; et j'ai pu, ensuite, continuer leur éducation d'après les mêmes moyens que l'on emploie pour les autres, dont le point de départ est le pas ; puis le trot ; et enfin le galop. Car je leur ai rendu les mêmes facultés, et par conséquent les mêmes avantages qui facilitent l'éducation des chevaux bien organisés.

Je suis le même mode de dressage pour les chevaux d'âge, dont les allures sont faussées et ralenties, ayant bien la certitude que ces défectuosités prennent toujours leur source à la même origine, c'est-à-dire que le centre de gravité a toujours régné sur la partie postérieure.

Je serais heureux d'apprendre que le Comité de cavalerie, composé d'hommes éclairés, voulût bien faire quelque attention à cette nouvelle idée de dressage que l'on pourrait parfaitement appliquer dans les régiments, sauf à y apporter les modifications qui seraient le plus en rapport avec l'instruction équestre du soldat.

www.ingramcontent.com/pod-product-compliance
Ingram Content Group UK Ltd.
Pitfield, Milton Keynes, MK11 3LW, UK
UKHW021317190726
13839UKWH00007B/1910